Inscriptions sur les Listes électorales

ISRAELITES ELECTEURS

DÉCRETS DE NATURALISATION

CONSÉQUENCES

TABLEAU DES ISRAELITES ALGÉRIENS ELECTEURS

Prix : 50 centimes

BATNA

IMPRIMERIE J.-M. PETITJEAN

1896

ISRAELITES ELECTEURS

TABLEAU

DES ISRAELITES ALGERIENS ELECTEURS

Inscriptions sur les Listes électorales

ISRAELITES ELECTEURS

DÉCRETS DE NATURALISATION

CONSÉQUENCES

TABLEAU DES ISRAELITES ALGÉRIENS ELECTEURS

Prix : 50 centimes

BATNA

IMPRIMERIE J.-M. PETITJEAN

1896

ISRAÉLITES ÉLECTEURS

DÉCRETS DE NATURALISATION
CONSÉQUENCES
INSCRIPTIONS SUR LES LISTES ÉLECTORALES
TABLEAU
DES ISRAÉLITES ALGÉRIENS ÉLECTEURS

1. — Quels sont les Israélites algériens qui ont le droit d'être inscrits sur les listes électorales? Quelles ont été les conséquences des décrets de 1870 et de 1871? Comment ces décrets doivent-ils être entendus? Quelles sont les interprétations qu'on en doit faire? — Ces questions sont trop d'actualité pour ne pas mériter un examen aussi clair que concis : ne rien ajouter à la loi, mais n'en rien retrancher, mettre en lumière les principes avec méthode, dégager des textes une doctrine incapable de sacrifier à la passion ou à l'intérêt, c'est faire œuvre utile pour l'apaisement des uns et la tranquillité des autres; le reste appartient au temps.

Période antérieure à 1865

2. — En France avant 1789, les Israëlites étaient exclus de tous droits de cité, leur état civil inauguré par la loi du 27 décembre 1791 ne fut établi que par le décret du 17 mars 1808 conformément à l'ordonnance doctrinale du 2 mars 1807.

3. — En Algérie, avant l'occupation (5 juillet 1830) les Israëlites indigènes n'avaient pas un sort meilleur que celui de leurs correligionnaires de France avant 1789 ; après l'occupation, les vexations dont ils étaient victimes cessèrent et ils purent se rendre compte des bienfaits qu'ils allaient retirer de la pacification du pays par nos armes ; une ère nouvelle s'ouvrait pour eux ; et par de nombreuses pétitions, ils ne cessèrent de demander que la qualité de Français leur fut accordée (voir l'exposé des motifs du Sénatus-Consulte de 1865 par M. Flandin et le rapport présenté au Sénat par M. Delangle). Une disposition législative allait exaucer leurs vœux.

Sénatus-Consulte du 14 Juillet 16 Août 1865

4 — L'article 2 de ce Sénatus-Consulte stipule que l'indigène israélite est *Français* et qu'il conserve son statut personnel ; c'est une dérogation aux principes de l'article 8 du Code civil : Français il peut servir dans les armées, être appelé à des fonctions et emplois civils en Algérie ; il est *Français*, mais non *citoyen* ; citoyen il peut le devenir ; l'article 4 lui en donne la faculté ; il deviendra citoyen par décret rendu en Conseil d'État, pourvu qu'il ait ses 21 ans accomplis ; mais il ne deviendra citoyen que sur une demande formelle de sa part, demande qui sera instruite, dit l'article 5, suivant les prescriptions d'un règlement d'administration publique qui fut le décret du 21 avril-5 mai 1866.

5. — Français de par la loi, citoyen s'il le veut, telle est la situation de l'Israélite né sur le sol algérien, soit avant le 16 août 1865 soit après, et cela sans qu'il y ait à distinguer entre l'Israélite né de parents étrangers et celui né de parents indigènes, car le Sénatus-Consulte ne distingue pas.

6. — Il est à retenir que cette disposition législative a eu un effet rétroactif en ce sens qu'elle n'a pas seulement disposé pour les Israélites qui naîtraient après 1865 mais encore pour ceux qui étaient déjà nés ; elle n'a pas porté atteinte à des droits acquis parce que les lois qui règlent la capacité des personnes et leur état sont réputées conçues dans l'intérêt même de ceux qu'elles concernent ; c'est en vue de les protéger qu'elles sont édictées et on ne saurait avoir un droit acquis à n'être pas protégé : la loi change-t-elle les conditions d'âge pour contracter mariage ? Les mariages consommés ne seront pas atteints ; mais les conditions nouvelles imposées aux futurs époux devront être respectées sans qu'ils puissent invoquer le principe de la non rétroactivité des lois : la loi vient-elle à modifier l'âge de la majorité, à l'avancer par exemple? les appelés en profitent immédiatement, vient-elle à le reculer? les majeurs redeviennent mineurs; seuls les actes qu'ils ont passés restent intacts. Sur ce point tout le monde est d'accord.

7. — Donc sans aucun doute le Sénatus-Consulte a francisé tous les Israëlites nés ou à naître sur le sol algérien.

8. — L'israëlite né en Algérie est donc Français mais il conserve son statut personnel; il n'a pas la jouissance des droits civils dont parle l'article 8 du code civil et qui est l'apanage de tout Français; il ne peut pas se prévaloir des dispositions de cet article; ses droits civils sont réglés par son statut propre. Cette dérogation aux prescriptions de l'article 8 du code civil avait une autre conséquence: en France en effet l'article 2 de la Constitution du 22 frimaire an VIII portait: tout homme né et résident en France, qui âgé de 21 ans accomplis, s'est fait inscrire sur le registre civique de son arrondissement communal et qui a demeuré depuis, pendant 1 an, sur le territoire de la République, est *citoyen* Français ; mais comme on ne tenait plus de registre civique la jurisprudence avait admis que l'on était *citoyen* par cela seul que l'on était Français mâle et majeur (Paris, 13 Août 1841. — Seine, 21 décembre 1844). Le Sénatus-Consulte ne permettait pas à l'israélite Algérien de devenir citoyen par le fait seul que mâle et Français il était devenu ou allait devenir majeur ; car l'article 4 exigeait formellement que la qualité de citoyen lui fut octroyée par un Décret rendu en Conseil d'Etat.

9. — D'où cette conséquence que nous rencontrons une première catégorie d'israélites électeurs :

Les israélites indigènes déclarés citoyens par Décret individuel (rendu en exécution des sénatus-consulte du 14 juillet 16 Août 1865 et décret du 21 Avril-5 Mai 1866.)

10. — Que décider relativement à leurs descendants nés en Algérie ?

Français, ils le sont, l'article 2 du sénatus-consulte le dit ; mais seront-ils citoyens lorsqu'ils auront atteint leur 21e année ?

Il faut distinguer.

11. — Le sénatus-consulte a stipulé que la qualité de citoyen ne serait conférée à l'israëlite que sur sa demande formelle et par Décret individuel (Art 4) et d'autre part l'article 11 du Décret du 21 Avril-5 mai 1866 a édicté que cette demande devait contenir de la part du demandeur renoncement à son statut personnel et déclaration qu'il entendait être régi par les lois civiles et politiques de la France : n'est-ce pas dire que le père n'a pu stipuler cette renonciation que pour lui-même et que ses enfants déjà nés n'ont pu profiter de sa naturalisation ordinaire ; quand la loi a voulu conférer ce pouvoir au père, elle s'en est expliqué (loi du 26 juin 1889). Il n'a donc pu renoncer au statut personnel que ses enfants ont eu le jour de leur naissance, qui leur est demeuré acquis et auquel eux seuls pourront renoncer à leur tour quand ils auront capacité pour le faire. Donc les enfants d'un Israélite décrété citoyen et nés avant ce décret sont Français mais ne seront pas citoyens par le seul effet de l'accomplissement de leur 21e année.

12. — Il n'en est pas de même des enfants nés, après le Décret qui a conféré à leur père la qualité de citoyen : en naissant ces enfants portent la marque du statut Français, ils suivent la condition d'un père, qui a renoncé avant leur naissance à son statut personnel israélite, qui s'est volontairement soumis aux lois civiles et politiques de la France ; les enfants dont il dote sa patrie sont l'émanation de sa personne ainsi renouvelée et ils participent de toutes les qualités nouvelles que le Décret lui avait conférées à lui-même.

Ceux-là sont Français et seront citoyens électeurs sans autre formalité lorsqu'ils auront atteints leur 21e année ; de là, cette seconde catégorie d'électeurs israélites :

Israëlites nés en Algérie après le Décret qui a conféré à leur père la qualité de citoyen (en vertu du Sénatus-Consulte de 1865).

13. — Et la jurisprudence a admis que la conception comme la naissance suffisait à produire le même effet.

Décrets Crémieux
24 octobre — 10 novembre 1870

14. — Un premier Décret de la délégation de Tours abroge les articles 2, 4 et 5 du Sénatus-Consulte de 1865 (Article 5).

15. — Un second Décret du même jour déclare *citoyens Français les israëlites indigènes des départements de l'Algérie.*

16. — L'abrogation de l'article 2 du Sénatus-Consulte a pour conséquence de supprimer l'indigène israëlite Français à statut israëlite et de permettre à tous d'invoquer l'article 8 du Code civil.

17. — L'abrogation des articles 4 et 5 du même Sénatus-Consulte a pour conséquence de supprimer la nécessité de la demande, des formes de son instruction, du Décret individuel et de permettre à tous d'invoquer l'article 7 du Code Civil et la constitution du 22 frimaire an VIII ensemble la jurisprudence qui l'a suivie (Voir n° 8).

18. — Or nous savons que les lois qui règlent l'état et la capacité des personnes ont un effet rétroactif (n.6) : le Décret de 1870 s'applique donc aussi bien aux israëlites nés en Algérie avant 1870 qu'à ceux nés depuis.

19. — Le Décret-loi de 1870 confirme tous les israëlites indigènes des départements Algériens dans leur qualité de Français ; mais il supprime la distinction faite par le Sénatus-Consulte entre cette qualité de Français à statut personnel israëlite et celle de Français jouissant des droits civils de l'article 8 du Code civil ; il supprime la demande, le renoncement au statut personnel, la déclaration de soumission aux lois civiles et politiques de la France ; il n'y aura plus de statut personnel israëlite pour celui qui naîtra sur le sol algérien, et celui qui y sera déjà né au 10 novembre 1870 ne conservera pas comme droit acquis son statut personnel jusqu'à cette date du 10 novembre 1870 car si la naturalisation quand elle est demandée individuellement ne rétroagit pas (Cass. 14 mars 1877) sur les membres de la famille du demandeur qui ne peut en général stipuler que pour lui-même, elle rétroagit quand la loi elle-même incorpore dans la collectivité qu'elle régit des nationaux qu'elle habilite en vue de cette incorporation ou quand elle proclame elle-même sa rétroactivité soit formellement soit implicitement. Le Décret spécial que chaque Israëlite aurait été tenu de demander pour obtenir la qualité de citoyen est remplacé par un Décret collectif; c'est une faveur gouvernementale et c'est ce qu'il faut bien comprendre.

20. — En conférant aux israëlites la qualité de Français, le Sénatus-Consulte ne leur a pas conféré les droits civils dont parle l'article 8 du

Code civil ; il avait maintenu à leur profit leur statut personnel avec faculté d'y renoncer ; le Décret-loi de 1870 semble leur conférer ces droits civils français réservés en 1865 et comme l'exercice de ces droits est indépendant de la qualité de citoyen (art. 7 du Code civil) qui ne s'acquiert et ne se conserve que conformément à la loi constitutionnelle, le Décret-loi leur confère en outre la qualité de citoyen : tous vont être Français dans le sens de l'article 8 du Code civil, tous vont être citoyens à leur 21e année accomplie ; il n'y aura plus de différence entre eux et les métropolitains ; c'est l'application à l'Algérie de l'article 2 de la constitution de l'an VIII et de la jurisprudence qui s'en est suivie ; ils vont devenir les Français de l'article 8 du Code civil. s'ils sont mineurs, et ils deviendront citoyens par cela seul que mâles et Français ils deviendront majeurs.

21. — Et cela sans distinction entre les Israëlites nés de parents algériens, et ceux nés de parents étrangers car le décret-loi n'en fait aucune; mais nous verrons que le Décret de 1871 va restreindre les effets de ce Décret-loi au moyen de la définition qu'il donnera de cette expression israëlites *indigènes* dont s'est servi le rédacteur du Décret de 1870.

22. — De là et à s'en tenir au texte même non restreint du Décret de 1870 trois catégories d'électeurs israëlites algériens.

1° Les Israëlites nés dans les trois départements avant le 10 novembre 1849, c'est-à-dire majeurs au moment du Décret-loi qui les fait citoyens (et ce sans distinction entre ceux nés de français ou d'étrangers);

2° Les Israëlites nés en Algérie et devenus majeurs après le 10 novembre 1849 en vertu du Décret-loi qui les fait Français avec le statut français et de la constitution de l'an VIII suivie de la jurisprudence citée qui les déclare citoyens à 21 ans (et ce sans distinction de nationalité de leurs parents);

3° Leurs descendants (par application du principe que l'enfant suit la condition du père), quel que soit le lieu de leur naissance, car nés à l'étranger les enfants du Français sont Français.

Décret du 7-12 octobre 1871

23. — Qui dit indigène dit originaire de... (*indi*, *endu*, *intus* et *gena* de *geno*, né dans).

Or le Décret de 1870 déclarait citoyens les israëlites *indigènes des départements Algériens* c'est-à-dire les israëlites, *nés en Algérie*,(1) (le M'Zab excepté, son incorporation au sol Français datant du 21 décembre 1882) aucune équivoque n'était possible. C'est alors que fut promulgué le Décret de 1871 qui par une interprétation restreinte de l'expression *indigènes* vint restreindre aussi le nombre d'israëlites appelés au bénéfice du Décret de 1870 et en éliminer les israëlites nés en Algérie de parents non établis dans le pays en 1830. Ce Décret précise ce que l'on doit entendre par cette expression *indigènes* : son article 1 dispose : seront considérés com-

(1) C'est aussi dans ce sens général et comme synonyme de Nés en... que le Sénatus-Consulte de 1865 employait le mot : *indigènes*.

me *indigènes* les israëlites nés en Algérie avant l'occupation Française (5 juillet 1830) ou nés en Algérie depuis cette occupation mais de parents établis en Algérie à l'époque de cette occupation. (1)

24. — Ainsi d'une part ce ne sera pas, comme on aurait pu le croire à la lecture du texte de 1870, tous les israëlites nés en Algérie qui seront Français à statut français, ce sera ceux qui y sont nés avant le 5 juillet 1830 ; et d'autre part, ce ne sera pas comme le pouvait faire supposer le Décret de 1870 par voie de conséquence les descendants de tous les israëlites nés en Algérie qui seront Français à statut français, mais seulement ceux qui descendront d'Israëlites établis en Algérie en 1830. Il semble que le législateur de 1871 regrette que celui de 1870 soit allé trop loin et que ne pouvant revenir en arrière et supprimer ce qu'avait fait le Décret-loi, il ait voulu tourner la dif-

(1) Et c'est ainsi que dans la législation Algérienne le mot *indigènes* a deux sens : celui général que lui donne le Sénatus-Consulte de 1865 et celui spécial et restreint que lui donne le Décret de 1871.

ficulté au moyen d'un amendement qu'il présente comme une interprétation du mot *indigènes*, interprétation que condamne le sens grammatical et étymologique du mot : dire en effet que l'indigène est celui qui est né avant 1830 ou le fils de celui qui était installé en Algérie en 1830 ce n'est pas interpréter le mot *indigènes* c'est le restreindre ; cette prétendue interprétation n'a donc été qu'une restriction, un amendement par voie détournée, une abrogation partielle du Décret-loi (observations de M. Fourtou dans la séance du 11 décembre 1871).

25. — Quoi qu'il en soit, en éliminant les réflexions que pourrait suggérer le procédé législatif, en écartant les discussions que pourrait faire naitre la validité du Décret de 1871 eu égard aux effets qu'il a pu produire sur des droits que le décret de 1870, par la généralité de ses termes, permettait de considérer comme acquis, il est certain que le Décret de 1871 a limité les effets du Décret de 1870 aux Israélites nés en Algérie avant le 6 juillet 1830 et aux Israëlites nés en Algérie de parents installés dans les trois départements (moins le M'Zab) à l'époque de l'occupation ; et les catégories d'électeurs que le Décret de 1870 paraissait avoir créées sont en réalité celles-ci (le Décret de 1871 interprétant celui de 1870 et faisant corps avec lui) :

1° Israëlites nés en Algérie avant le 5 juillet 1830 ;

2° Israëlites nés en Algérie de parents installés en Algérie en 1830 ;

3° Les descendants des premiers quel que soit le lieu de leur naissance ;

4° Les descendants des seconds ; quel que soit le lieu de leur naissance.

26. — En quoi les décrets de 1870 et 1871 ont ils modifié la situation faite aux Israëlites par le Sénatus-Consulte de 1865 ?

27. — Et d'abord ceux qui ont obtenu le Décret de citoyens n'en ont subi aucune atteinte ; ils sont et restent citoyens français ainsi que leurs descendants (même nés à l'étranger)?

28. — Ceux qui francisés par le Sénatus-Consulte sont nés en Algérie avant 1830 sont déclarés citoyens de plano, ainsi que leurs descendants même nés à l'étranger.

29. — Ceux qui francisés sont nés en Algérie après 1830 de parents établis en Algérie dès 1830 sont également déclarés citoyens *ipso facto* ainsi que leurs descendants même nés à l'étranger.

30. — Restent ceux qui francisés par le Sénatus-Consulte sont nés en Algérie après 1830 de parents non établis en 1830 dans l'un des trois départements.

31. — Le Décret de 1871 les rejette en tant que citoyens et que Français soumis au statut français ; mais alors que sont-ils? Français ou Étrangers? Français à statut israélite ou Français à statut français? Les Décrets de 1870 complétés par celui de 1871 leur ont-ils fait perdre cette qualité de Français à statut israélite que leur avait conférée le Sénatus-Consulte de 1865? et leurs descendants? quelle sera leur situation?

32. — A vrai dire cette catégorie d'Israélites qui comprend tous les Israélites nés sur le sol algérien de parents algériens ou étrangers non installés en Algérie avant 1830, en faveur desquels avait été promulgué le Sénatus-Consulte de 1865 qui leur avait conféré la qualité de Français à statut israélite a été perdue de vue par le rédacteur du Décret de 1871.

33. — Ces israélites et leurs descendants sont dans une position singulière : ils sont, de par le Sénatus-Consulte, *français à statut israélite* ; mais ils ne peuvent plus obtenir le Décret de citoyen prévu par ce Sénatus-Consulte ; le Décret de 1870 avait en effet supprimé la qualité introduite dans le Sénatus-Consulte ; la qualité de Français que conférait le Décret de 1870 n'était pas une qualité restreinte comme celle que conférait le Sénatus-Consulte ; celle que conférait le Décret de 1870 était pleine et entière, elle était la qualité de français prévue par l'article 8 du Code civil comportant jouissance des droits civils français ; il était donc tout naturel que les rédacteurs des décrets de 1870 abrogeassent l'article 4 du Sénatus Consulte permettant de conférer séparativement la jouissance des droits de citoyen français ; aussi les formalités anciennes des articles 11 et suivants du Décret de 1866 étaient-elles abolies pour les israélites et remplacées par d'autres formalités au profit des musulmans seulement et c'était le Gouverneur Général de l'Algérie qui recevait mission de statuer sur les demandes des musulmans qui seules continuaient à pouvoir se produire ; pour les rédacteurs de 1870, il n'y avait plus de distinction entre les israélites nés en Algérie et les français de la métropole ; la preuve en est dans l'économie du premier Décret de 1870 et dans le texte du second ; le législateur de 1870 avait statué sur *tous les israëlites nés en Algérie* (ceux nés hors de notre territoire algérien ne devant pas avoir d'autre qualité que celle d'étrangers et devant à ce titre être soumis aux lois de naturalisation de droit commun).

34. — Mais le législateur de 1871 venant déclarer que ce n'était pas tous les israëlites nés en Algérie qu'avaient voulu viser les décrets de 1870 et ce législateur de 1871 ne réglant pas la situation de ceux dont il faisait une catégorie spéciale soustraite aux effets des Décrets de 1870, il en est résulté que ceux qu'il écartait de la masse qualifiée par le Décret de 1870 restaient les francisés de 1865, à statut israélite, perdaient la faculté de devenir citoyens en vertu de l'article 4 du Sénatus-Consulte de 1865 et ne pouvaient pas davantage se dire étrangers puisqu'ils avaient reçu l'empreinte de la francisation spéciale de 1865.

35. — Il faut cependant en sortir : la qualité de *Français à statut israélite* conférée par le Sénatus-Consulte ne peut plus être invoquée pour l'obtention du Décret de citoyen dont la délivrance a été supprimée par l'article 5 du Décret de 1870 qui a aboli l'article 4 du Sénatus-Consulte; comme la qualité de *français à statut français* ne s'acquiert que par la naissance ou la naturalisation ordinaire ou extraordinaire, comme ces israélites ne peuvent ni exciper de la qualité de *Français à statut français* de leurs auteurs, ni invoquer la naturalisation extraordinaire résultant du Décret de 1870 puisque le Décret de 1871 qualifie d'inopérente la nature de leur indigénat, il ne leur reste qu'un moyen d'acquérir la qualité de *Français à statut français* afin de compléter celle de *Français à statut israëlite* dont ils sont déjà investis, c'est la naturalisation ordinaire, d'où il faut conclure que ces *Français à statut israëlite* sont pour le moment des étrangers au statut français et au statut politique français, et que, eux et leurs descendants sont soumis au droit commun qui régit les étrangers, c'est-à-dire à l'article 9 du Code civil et aux lois des 22 mars 1849, 7 février 1851, 16 décembre 1874, 14 février 1882, 26 juin 1889, 22-23 juillet 1893 qui ont réglementé la naturalisation individuelle ou collective avec les conditions de rétroactivité signalées aux nos 6 et 19. On ne saurait en effet admettre que le francisé de 1865 soit dans une position pire que celle de l'Etranger et ne puisse pas tout aussi bien que ce dernier invoquer les lois ordinaires de naturalisation, pas plus qu'on ne saurait comprendre que le fils né en Algérie d'un francisé de 1865 soit plus mal traité que le fils né en Algérie de tout autre étranger, et que le législateur ait conféré la qualité de Français pleine et entière à ce fils d'étranger par suite du seul fait de sa naissance en France ou en Algérie et ait entendu la refuser au fils de celui qu'il avait francisé en 1865. Un système dans lequel la qualité partielle de Français devrait être considérée comme constituant un désavantage voir même un empêchement pour acquérir la qualité intégrale de citoyen Français, un système dans lequel cette qualité de Francisé se retournerait contre son bénéficiaire serait condamné par les principes et l'équité ; et si un système en pareil désaccord avec les intérêts nationaux avait été celui adopté par le législateur, ce dernier s'en serait formellement expliqué : Or, les seules dérogations au droit commun qu'il ait admises sont celles qu'il a édictées dans les décrets de 1848, 1865, 1870 et 1871 qui ont formé ce qu'on peut appeler le Droit Algérien en la matière, droit spécial à l'Algérie mais non exclusif du Droit métropolitain. Ces textes dérogatoires et les textes de droit commun entendus ainsi qu'il vient d'être dit, ne suscitent aucune difficulté d'application.

36. — Il va dès lors être facile de dresser un tableau des électeurs Israélites en Algérie, en combinant le Droit Algérien et le Droit dit Métropolitain :

TABLEAU

DES ISRAELITES ALGÉRIENS ÉLECTEURS

37. — TABLEAU DES ÉLECTEURS ISRAELITES

DEVANT ÊTRE INSCRITS SUR LES LISTES ÉLECTORALES ALGÉRIENNES

Nos D'ORDRE	CATÉGORIES	COMPRENANT les Israëlites nés	OBSERVATIONS
	I. — DROIT ALGÉRIEN		
1	Israëlites nés en Algérie (M'Zab excepté) avant le 5 juillet 1830, quelle qu'ait été la nationalité de leurs parents (Décrets de 1870 et 1871.	avant le 5 juillet 1830	
2	Israëlites nés en Algérie (M'zab excepté) et pourvus du Décret de citoyen (Sénatus-Consulte de 1865).	avant le 10 nov. 1849	
3	Israëlites nés même à l'étranger de ces derniers après le Décret de citoyen (le fils suivant la condition du père).	à toute époque	
4	Israëlites nés en Algérie (M'Zab excepté) même de parents étrangers si leurs parents étaient établis en Algérie au 5 juillet 1830 (Décrets de 1870 et 1871).	à toute époque	
5	Israëlites résidant en Algérie naturalisés (Décret 28 mars-22 août 1848).	à toute époque	
	II. DROIT MÉTROPOLITAIN		
6	Israëlites nés d'un étranger en France ou en Algérie (M'Zab excepté) et qui ont réclamé la qualité de Français conformément à l'ancien art. 9 du Code civil dans l'année de leur majorité (Ancien article 9 du Code civil).	avant le 28 juin 1868	
7	Israëlites nés d'un étranger en France ou en Algérie (M'Zab excepté) et qui domiciliés en France ou en Algérie (M'Zab excepté) à l'époque de leur majorité n'ont pas dans l'année de cette majorité décliné leur qualité de Français et prouvé avoir conservé la nationalité de leurs parents en même temps que produit un certificat de service militaire dans leur pays (nouvel article 8 du Code civil édicté par la loi du 26-28 juin 1889 et art. 3 loi du 22-23 juillet 1893).	depuis le 28 juin 1868	et au M'zab depuis le 21 décembre 1882.
8	Israëlites nés d'un étranger en France ou en Algérie (M'Zab excepté) et qui non domiciliés en France ou en Algérie (M'Zab	depuis le 28 juin 1868	et au M'zab depuis le 21 décembre 1882.

	excepté) à l'époque de leur majorité ont, dans l'année de cette majorité fait leur soumission de fixer en France leur domicile, l'y ont établi dans l'année de cette soumission et réclamé la qualité de Français par déclaration au Ministère de la Justice (Nouvel art. 9 du Code civil loi du 26-28 juin 1889 et art. 3 loi du 22-23 juillet 1893).		
9	Israëlites nés d'un Français même à l'étranger (ancien art. 10 du Code civil et nouvel art. 8 du Code civil, Loi du 26-28 juin 1889, art. 1)	à toute époque	
10	Israëlites, nés même à l'étranger de parents dont l'un a perdu la qualité de Français qui auront réclamé cette qualité à tout âge en se conformant aux prescriptions soit de l'ancien article 10 du Code civil soit du nouvel article 10 du même code ; loi du 26-28 juin 1889.	à toute époque	
11	Israëlites nés en France ou en Algérie d'un étranger, si servant, ou ayant servi dans les armées Françaises, ou ayant pris part aux opérations de recrutement sans exciper de son extranéité, ils ont fait même après l'année de leur majorité la déclaration prescrite par l'ancien article 9 du Code civil. (Loi du 22 mars 1849).	avant le 28 juin 1868 (déclarat. qui ne peut être faite que par un majeur)	et au M'zab depuis le 21 décembre 1882
12	Israëlites nés en France ou en Algérie d'un étranger, s'ils ont pris part aux opérations de recrutement sans exciper de leur extranéité (Nouvel art. 9 du Code civil loi du 26-28 juin 1889).	à toute époque	et au M'zab depuis le 21 décembre 1882.
13	Israëlites nés en France ou en Algérie d'un étranger qui lui-même y est né s'ils n'ont pas dans l'année de leur majorité :		
	Période antérieure au 16 décemb. 1874 — réclamé leur qualité d'étranger (art. 1 loi du 8 février 1851).	avant le 16 déc. 1853	id.
	Période postérieure du 16 décembre 1874 au 26-28 juin 1889. — réclamé leur qualité d'étranger et justifié en outre avoir conservé leur nationalité d'origine (art. 1 loi du 16 décembre 1874.	depuis le 16 décembre 1853 au 27 juin 1868	id.
14	Israëlites nés en France ou en Algérie d'un étranger qui lui-même y est né (Nouvel art. 8 du Code civil loi du 26-28 juin 1989).	depuis le 28 juin 1868	id.
15	Israëlites nés en France ou en Algérie	toute époque	id.

	de parents étrangers dont l'un y est lui-même né (nouveau § 3 de l'art. 8 du Code civil. Loi du 22-23 juillet 1893).		
16	Israëlites nés même à l'étranger d'un naturalisé s'ils étaient mineurs lors de cette naturalisation, qui ont réclamé la qualité de Français dans l'année de leur majorité en déclarant, résidant en France qu'ils y fixaient leur domicile, résidant à l'étranger qu'ils s'engageaient à fixer leur domicile, l'ont fait en réalité dans l'année de cette soumission (lois des 7 février 1851 et 14 février 1882).	avant le 7 février 1830	
17	Israëlites nés même à l'étranger d'un naturalisé, s'ils étaient mineurs lors de cette naturalisation qui n'ont pas dans l'année de leur majorité déclaré la qualité de Français en prouvant qu'ils avaient conservé leur nationalité et justifiant d'un appel sous les drapeaux dans leur pays (nouvel art. 12 du Code civil loi du 26-28 juin 1889.)	depuis le 28 juin 1868	
18	Israëlites nés même à l'étranger d'un naturalisé, s'ils étaient majeurs lors de	avant le 7 juin 1830	

	cette naturalisation, qui ont réclamé la qualité de Français dans l'année de cette naturalisation, en déclarant, résidant en France qu'ils y fixaient leur domicile, résidant à l'étranger qu'ils s'engageaient à fixer leur domicile en France et l'ont fait en réalité dans l'année de cette soumission (lois des 7 février 1851 et 14 février 1882).		
19	Israëlites nés même à l'étranger d'un naturalisé, s'ils étaient majeurs lors de cette naturalisation, qui ont acquis la qualité de Français par décret de naturalisation commun avec celui de leur père ou mère ou qui ont fait leur soumission de fixer leur domicile en France, l'y ont établi dans l'année de cette soumission et ont réclamé la qualité de Français par déclaration enregistrée au ministère de la justice (Nouvel art. 12 du Code civil. Loi du 26-28 juin 1889).	toute époque	
20	Israëlites nés en France ou en Algérie d'un étranger qui lui-même y est né qui, engagés volontaires ou conditionnels (loi du 27 juillet 1872) ou entrés dans les écoles du Gouvernement, ont déclaré avec le	depuis le 17 décembre 1853 au 27 juin 1868	et au M'zab depuis le 21 décembre 1882.

	consentement spécial de leur père, mère ou tuteur, renoncer à réclamer la qualité d'étranger (après examens d'admission favorables) (Art. 2 de la loi du 16 décembre 1874).		
21	Israëlites nés même à l'étranger d'un naturalisé s'ils étaient mineurs lors de cette naturalisation, qui se sont engagés volontairement dans les armées, ou ont contracté un engagement conditionnel d'un an (loi du 27 juillet 1872) ou sont entrés dans les écoles du Gouvernement et ont déclaré renoncer à leur qualité d'étrangers et adopter la nationalité française avec le consentement de leur père, mère ou conseil de famille (loi du 14 février 1882).	depuis le 15 février 1861 au 27 juin 1889	
22	Israëlites nés même à l'étranger d'un Français qui aurait perdu la qualité de Français, par naturalisation à l'étranger, acceptation de fonctions publiques à l'étranger, établissement à l'étranger sans esprit de retour mais aurait recouvré sa qualité de Français, qui mineurs lors de cette réintrégration s'étant trouvés dans	depuis le 15 février 1861 au 27 juin 1868	

	les conditions prévues à la catégorie précédente, ont rempli les formalités sus indiquées (loi du 14 février 1882).		
23	Israëlites nés même à l'étranger d'un père se trouvant dans les mêmes conditions que celui désigné à la catégorie précédente, qui, majeurs au moment de sa réintégration ont dans l'année de cette réintégration réclamé la qualité de Français (loi du 14 février 1882).	avant le 27 juin 1868	
24	Israëlites nés en France ou en Algérie de parents inconnus (loi du 26-28 juin 1889) nouvel article 8 du Code civil.	à toute époque	au M'zab depuis le 21 décembre 1882.
25	Israëlites nés en France ou en Algérie de parents dont la nationalité est inconnue (loi du 26-28 juin 1889) Nouvel article 8 du Code civil.	à toute époque	
26	Israëlites étrangers naturalisés (Décret du 17 mars 1809. Décret du 28 mars 1848, loi du 3 décembre 1849, loi du 29 juin 1867 : Décrets des 12 septembre, 26 octobre et 19 novembre 1870. Nouvel article 8 du Code civil, loi du 26-28 juin 1889).	à toute époque	
27	Israëlites nés mêmes à l'étranger de pa-	à toute époque	

	rents dont l'un a perdu la qualité de Français, si ayant été porté sur le tableau de recensement il a pris part aux opérations de recrutement sans exciper de son extranéité (Nouvel art. 10 du Code civil loi du 26-28 juin 1889).		
28	Israëlites français qui ont perdu cette qualité et l'ont recouvrée par Décret (Nouvel art 18 du Code civil. Loi du 26-28 juin 1889).	à toute époque	
29	Israëlites nés même à l'étranger de Français ayant perdu cette qualité, mais après cette perte, qui, majeurs avant la réintégration de leur auteur ont été réintégrés par Décret commun avec leur auteur dans la qualité de Français (Nouvel art. 18 du Code civil, loi du 26-28 juin 1889).	id.	
30	Israëlites issus de père ou mère français ayant perdu cette qualité, nés après cette perte, qui mineurs au moment de la réintégration de leur auteur, n'ont pas dans l'année de leur majorité décliné la qualité de Français (Nouvel article 18 du Code civil loi du 26-28 juin 1889).	id.	
31	Israëlites nés même à l'étranger d'une femme française qui a épousé un étranger, qui étant mineurs ont été réintégrés dans la qualité de Français par Décret commun à eux et à leur mère ou par Décret ultérieur rendu sur la demande de leur tuteur (Nouvel article 19 du Code civil, loi du 26-28 juin 1889).	id.	
32	Israëlites nés en France ou en Algérie, de parents étrangers dont l'un y est né, qui, majeurs au 23 juillet 1893 n'ont pas réclamé leur qualité d'étrangers dans l'année de la promulgation de la loi (Art 2)	avant le 23 juillet 1872	et au M'zab depuis le 21 décembre 1882.
33	Israëlites nés même à l'étranger des israëlites compris dans les 33 catégories qui précèdent (Ancien art. 9 du Code civil et nouvel art. 8 du Code civil loi du 26-28 juin 1889).	à toute époque	

Preuve de l'indigénat

38. — La preuve de l'indigénat israëlite défini par l'art 1 du Décret de 1871 peut-elle être administrée actuellement à l'aide de la procédure édictée par les articles 3 et 4 de ce décret, ou au contraire doit-elle être faite dans les formes de droit commun en matière électorale?

39. — La procédure du Décret de 1871 a été une dérogation au droit commun, dérogation qui a eu sa raison historique; les élections étaient proches car les Décrets des 12-18 octobre 1871 convoquaient pour le 12 novembre 1871 les électeurs Algériens à l'effet de tout à la fois renouveler intégralement leurs conseils municipaux et former leurs conseils généraux, le temps manquait; d'autre part les délais qu'auraient nécessités les instances préjudicielles à engager sur les questions d'état que la promulgation du Décret de 1871 faisait pressentir n'auraient pas permis aux israëlites, qui depuis 1870 se croyaient tous électeurs, de réclamer en temps utile leur réinscription sur des listes que le Décret de 1871 amendait si amplement ; de là ce délai de 20 jours que leur impartissait l'article 2 du Décret de 1871, pour suivre la procédure spéciale organisée par les art. 3 et 4 en vue de faire contrôler leur qualité d'indigène ; c'était les juges de paix en 1re instance, les tribunaux en appel (le pourvoi en cassation ne devant pas être suspensif (Art. 4), que l'on chargeait d'effectuer ce contrôle et cela avant l'ouverture de la période de réclamations qui ne devait durer que du 31 octobre au 5 novembre (Article 4 de l'arrêté du Gouverneur Général du 16-18-octobre 1871), réclamations qui à leur tour devaient être, dans les cinq jours suivants, jugées par la commission spéciale instituée par l'art. 5 du même arrêté.

40. Ces décisions des juges de paix et des Tribunaux rendues sur la demande de l'israélite sans contradicteur ou sans autre contradicteur que le ministère public, présentèrent alors tous les caractères de la chose jugée ; car la chose jugée peut-être invoquée par l'électeur intéressé contre tout réclamant et en dehors de toute identité de personnes (Cass. 12 Avril 1875), mais cette chose ainsi jugée pendant cette période de 20 jours et dérogatoirement au droit électoral n'en a pas moins présenté toutes les garanties désirables pour le corps électoral non appelé à la contradiction et doit être respectée encore aujourd'hui à titre de chose définitivement jugée.

41. — L'historique du Décret de 1871 établit donc que cette procédure spéciale, nécessitée par les élections du 12 novembre 1871, a été dérogatoire : et elle ne saurait être suivie aujourd'hui ; il est impossible d'admettre en effet la co-existence de 2 lois de revision électorale; les réclamations auxquelles peut donner lieu la revision des listes ne peuvent pas être soumises à des modes d'instruction ou des autorités judiciaires différents suivant les qualités des électeurs qui les formulent, et il n'est pas douteux que l'israëlite est rentré sous la règle du droit commun pour la preuve qu'il peut être appelé à faire de l'indigénat tel que le qualifie le Décret de 1871 ; cette preuve sera administrée, soit devant la Commission de revision, soit devant la Commission de jugement ou en appel devant M. le juge de paix par titres et par témoins ; et toujours par application du droit commun, lorsque le juge de paix aura été saisi par voie d'appel des décisions de la Commission de jugement, il ne sera tenu (Art. 22 du Décret du 2 février 1852) de renvoyer les parties à se pourvoir sur la solution préjudicielle d'une question d'état qu'autant que cette question sera susceptible de soulever un débat sérieux (Cass. 31 mars 1863— 4 Avril 1863- 8 mai 1878 — 4 mai 1880 4 mai 1881 — 17 Avril 1883), et il devra refuser de surseoir à sa décision lorsque l'évidence du droit ou du fait rendra possible la solution immédiate de la question.

42. — C'est cette évidence du droit qu'il était utile de mettre en lumière.

Batna, Imprimerie J.-M. PETITJEAN.

www.ingramcontent.com/pod-product-compliance
Ingram Content Group UK Ltd.
Pitfield, Milton Keynes, MK11 3LW, UK
UKHW020359250726
13967UKWH00005B/2378

9 782013 435062